BI FAGNA JEAN BAPTISTE SAMI

SEMANTIQUE DU COMBAT DE LAURENT GBAGBO

BI FAGNA JEAN BAPTISTE SAMI

SEMANTIQUE DU COMBAT DE LAURENT GBAGBO

Analyse du discours politique et judiciaire autour du cas de GBAGBO LAURENT

Éditions Vie

Imprint

Cover image: www.ingimage.com

Publisher:
Éditions Vie
is a trademark of
Dodo Books Indian Ocean Ltd. and OmniScriptum S.R.L publishing group

120 High Road, East Finchley, London, N2 9ED, United Kingdom
Str. Armeneasca 28/1, office 1, Chisinau MD-2012, Republic of Moldova, Europe
Printed at: see last page
ISBN: 978-613-9-59638-6

Sommaire

1. Introduction

L'analyse sémantique du combat de Laurent Gbagbo, ancien président de la Côte d'Ivoire, offre un aperçu profond de sa rhétorique politique, de ses discours et de ses actions au cours de sa carrière. En plongeant dans les nuances du langage qu'il a utilisé pour défendre ses idéaux politiques et mobiliser ses partisans, on peut mieux comprendre les stratégies de communication qui ont marqué son leadership.

La sémantique de son combat révèle comment Gbagbo a utilisé des mots, des symboles et des narratifs pour façonner son image publique, légitimer son autorité et construire une base de soutien politique. Cette analyse permet d'explorer les thèmes récurrents dans ses discours, les choix linguistiques spécifiques qu'il a faits pour galvaniser son public et les narratifs qu'il a tissés pour promouvoir sa vision politique.

En examinant la sémantique de son combat, on peut également mettre en lumière la manière dont Gbagbo a caractérisé ses adversaires politiques, les groupes en opposition et les enjeux clés de son époque. Cela offre un éclairage sur les dynamiques de pouvoir, les tensions politiques et les conflits idéologiques qui ont marqué son règne et sa présence sur la scène politique ivoirienne.

En somme, une analyse sémantique approfondie du combat de Laurent Gbagbo permet de saisir la manière dont le langage a été utilisé comme un outil de persuasion, de mobilisation et de construction d'une identité politique. Cela offre des perspectives précieuses sur son héritage politique et son impact sur la société ivoirienne.

- Contexte historique et politique

- Objectifs de l'analyse sémantique

Dans le contexte historique et politique de Laurent Gbagbo, une analyse sémantique de ses discours, écrits et actions revêt une importance cruciale pour plusieurs raisons. Tout d'abord, cela permet de comprendre comment il a utilisé le langage pour mobiliser ses partisans et communiquer ses idéaux politiques. En examinant de près ses discours, on peut identifier les thèmes récurrents, les métaphores et les tournures de phrases qui ont caractérisé sa rhétorique politique.

De plus, une analyse sémantique permet de mettre en lumière les nuances idéologiques et les choix linguistiques spécifiques de Gbagbo. Cela peut révéler ses stratégies de communication, ses tactiques rhétoriques et la manière dont il a cherché à légitimer son pouvoir et ses actions politiques.

En outre, l'analyse sémantique de Gbagbo peut éclairer sa relation avec ses partisans et ses opposants. En examinant comment il a décrit ses adversaires politiques, les groupes ethniques ou politiques en opposition, on peut mieux comprendre les dynamiques de pouvoir et les tensions qui ont marqué son règne.

Enfin, une analyse sémantique approfondie peut contribuer à une meilleure appréciation de l'héritage politique de Gbagbo en Côte d'Ivoire et de son impact sur la société ivoirienne. En examinant la manière dont ses mots ont été reçus et interprétés par différents segments de la population, on peut mieux saisir son influence sur le paysage politique ivoirien et les relations intercommunautaires.

En somme, une analyse sémantique de Laurent Gbagbo offre des perspectives riches et nuancées sur sa communication politique, sa vision du monde et son héritage politique en Côte d'Ivoire.

L'analyse sémantique, dans le contexte historique et politique, peut être utilisée pour examiner en profondeur les discours, les déclarations et les messages des acteurs politiques afin de comprendre les significations cachées, les intentions sous-jacentes et les stratégies de communication. Voici quelques objectifs spécifiques de l'analyse sémantique dans ce contexte :

Compréhension des discours politiques :

L'analyse sémantique permet de décortiquer les discours politiques pour en extraire les significations implicites, les connotations et les nuances qui pourraient échapper à une lecture superficielle.

Identification des stratégies de communication :

En examinant les choix lexicaux, les métaphores, les symboles et les répétitions utilisés dans les discours politiques, l'analyse sémantique peut révéler les stratégies de communication employées par les acteurs politiques pour influencer leur public.

Détection de la manipulation et de la manipulation :

L'analyse sémantique peut aider à repérer les tentatives de manipulation, de désinformation ou de propagande dans les discours politiques, en mettant en lumière les distorsions de sens et les tentatives de manipulation de l'opinion publique.

Évaluation de l'impact et de l'efficacité des discours :

En examinant les discours à un niveau sémantique, il est possible d'évaluer l'impact émotionnel, cognitif et persuasif des messages politiques, ainsi que leur efficacité dans la réalisation des objectifs de communication.

En combinant une analyse sémantique approfondie avec une compréhension du contexte historique et politique, il est possible d'obtenir des insights précieux sur les discours politiques et les dynamiques de communication qui façonnent les relations de pouvoir et les perceptions publiques.

2. Jeunesse et Éducation de Laurent Gbagbo

- Influence des premières expériences sur sa sémantique pourrait être fait sur son parcours scolaire, ses influences familiales et socio-culturelles, ainsi que sur les événements marquants de sa jeunesse qui ont façonné sa vision du monde et sa philosophie politique. Laurent Gbagbo, ancien président de la Côte d'Ivoire, a eu un parcours politique et personnel marqué par diverses influences. Son éducation et ses expériences de jeunesse en Côte d'Ivoire ont probablement joué un rôle clé dans le développement de sa vision politique. Son engagement dans les mouvements étudiants et son travail en tant que professeur d'histoire ont certainement contribué à sa compréhension de la politique et de la gouvernance.

Les influences familiales et socio-culturelles de Gbagbo, notamment son appartenance au groupe ethnique Bété, ont également façonné sa perspective politique. Ses interactions avec d'autres leaders politiques locaux et internationaux ont sans doute influencé sa manière de communiquer et de défendre ses idées.

L'analyse de ses discours, de ses écrits et de ses actions politiques à la lumière de son parcours éducatif et de ses expériences de jeunesse permettrait de mieux comprendre comment ces éléments ont convergé pour former sa sémantique politique distinctive. Étudier en détail ces aspects de la vie de Laurent Gbagbo pourrait offrir des perspectives enrichissantes sur la manière dont son passé a informé sa philosophie politique et ses actions en tant que leader.

On pourrait également examiner comment son éducation formelle et informelle ont contribué à sa compréhension de la politique et de la gouvernance, ainsi que comment ses expériences de jeunesse ont influencé sa façon de communiquer et de transmettre ses idées.

Enfin, il serait intéressant d'analyser comment sa jeunesse et son éducation ont influencé sa sémantique politique, en examinant ses discours, ses écrits et ses actions politiques à la lumière de ces influences.

Dans ce chapitre, on pourrait explorer en détail le lien entre la jeunesse et l'éducation de Laurent Gbagbo et sa sémantique politique.

Jeunesse et Éducation de Laurent Gbagbo :

La jeunesse de Laurent Gbagbo a été marquée par des expériences et des apprentissages qui ont probablement influencé sa manière de communiquer et de s'exprimer politiquement. En se penchant sur ses années de formation, de son enfance à ses études supérieures, il est possible de comprendre comment ces premières expériences ont façonné sa sémantique politique.

Contexte familial et socio-économique :

- Exploration de l'environnement familial dans lequel Gbagbo a grandi, des valeurs inculquées par ses parents, et de l'impact de son contexte socio-économique sur sa vision du monde et sa communication.

La famille et le contexte socio-économique dans lesquels Laurent Gbagbo a grandi ont joué un rôle important dans sa formation. Ses valeurs familiales et les conditions socio-économiques de son environnement ont probablement influencé sa vision du monde et sa communication en tant que leader politique.

Éducation formelle :

- Analyse des études de Gbagbo, des matières qu'il a étudiées, des influences intellectuelles qu'il a rencontrées, et de la manière dont son parcours éducatif a pu modeler sa pensée et sa sémantique.

L'éducation formelle de Laurent Gbagbo a joué un rôle crucial dans la formation de sa pensée et de sa sémantique politique. Son parcours éducatif, comprenant des études en histoire, en science politique et en littérature, a probablement influencé sa compréhension du monde, sa vision politique et sa capacité à articuler des discours complexes. Les matières qu'il a étudiées ont pu lui fournir des outils conceptuels et analytiques pour comprendre les enjeux politiques et sociaux, tandis que les influences intellectuelles qu'il a rencontrées ont contribué à façonner ses idées et ses convictions. En examinant en détail son éducation formelle, on pourrait mieux comprendre les bases intellectuelles sur lesquelles il a construit sa carrière politique, les théories politiques qui ont pu l'influencer, ainsi que la manière dont son parcours éducatif a pu modeler sa rhétorique et sa stratégie de communication. Cette analyse approfondie pourrait éclairer les liens entre son éducation, sa pensée politique et sa pratique du pouvoir en tant que leader en Côte d'Ivoire.

Le parcours éducatif de Laurent Gbagbo, y compris ses études, les matières qu'il a étudiées et les influences intellectuelles qu'il a rencontrées, ont probablement joué un rôle clé dans le développement de sa pensée et de sa manière de communiquer en tant que leader politique.

Engagements politiques précoces :

- Étude des premières expériences politiques de Gbagbo, de ses idéaux de jeunesse, et de la façon dont ces premiers engagements ont pu façonner sa rhétorique et son discours politique ultérieur.

Influences culturelles et linguistiques :

- Exploration des influences culturelles et linguistiques qui ont marqué Gbagbo, que ce soit à travers la littérature ivoirienne, les traditions orales, ou d'autres formes de communication, et leur impact sur sa façon de s'exprimer.

La compréhension des influences culturelles et linguistiques qui ont marqué Laurent Gbagbo inclut l'étude de la littérature ivoirienne, des traditions orales et d'autres formes de communication locales. Ces influences ont probablement façonné sa façon de s'exprimer, contribuant à sa vision du monde et à sa communication avec un public plus large.

Événements marquants de sa jeunesse :

- Mise en lumière des événements ou des expériences marquantes de la jeunesse de Gbagbo qui pourraient avoir laissé des traces dans sa sémantique politique, en soulignant les moments clés qui ont contribué à façonner sa vision du monde et son langage politique.

Les événements marquants de la jeunesse de Laurent Gbagbo pourraient avoir influencé sa sémantique politique. En mettant en lumière ces expériences clés, on peut mieux comprendre comment elles ont contribué à façonner sa vision du monde et son langage politique, permettant ainsi une analyse plus approfondie de son parcours.

En examinant en détail ces aspects de la jeunesse et de l'éducation de Laurent Gbagbo, on peut espérer éclairer les origines et les fondements de sa sémantique politique, en mettant en lumière les liens entre ses premières expériences et sa manière de communiquer en tant que leader politique.

3. La Vision Politique de Gbagbo

Une analyse sémantique des discours politiques de Laurent Gbagbo permettrait de dévoiler les fondements de sa vision politique, les objectifs qu'il cherche à atteindre, les valeurs qu'il défend, les adversaires qu'il identifie, et les moyens par lesquels il entend réaliser ses ambitions politiques. En scrutant attentivement ses discours, ses déclarations publiques, ses interventions médiatiques et ses prises de position politiques, on pourrait dégager les thématiques récurrentes, les discours symboliques, les métaphores politiques, les arguments défendus, les alliances politiques évoquées, ainsi que les stratégies de légitimation et de persuasion mises en œuvre. Cette analyse approfondie permettrait de mieux appréhender la vision politique de Gbagbo, d'identifier les idéaux qui sous-tendent son action politique, et de comprendre comment il entendait réaliser ses aspirations pour la Côte d'Ivoire.

La vision politique de Laurent Gbagbo, ancien président de la Côte d'Ivoire, est le fruit de plusieurs décennies d'engagement politique et de lutte pour l'indépendance et la démocratie dans son pays. À travers ses discours politiques et ses actions, Gbagbo a cherché à promouvoir un modèle de gouvernance qui repose sur des valeurs telles que la souveraineté nationale, l'unité nationale, la justice sociale et la démocratie participative.

La souveraineté nationale est un thème central dans la vision politique de Gbagbo. Il a toujours défendu l'idée que la Côte d'Ivoire doit être maîtresse de son destin et ne pas être sous l'influence de puissances étrangères. Il a souvent critiqué les ingérences extérieures dans les affaires ivoiriennes et a plaidé pour une politique étrangère indépendante et souveraine.

L'unité nationale et la réconciliation entre les différentes communautés ivoiriennes sont également des priorités pour Gbagbo. Il a travaillé à dépasser les divisions ethniques et politiques qui ont longtemps marqué la vie politique ivoirienne, et à construire un pays uni et prospère. Il a notamment lancé des initiatives de réconciliation nationale pour favoriser le dialogue et la réconciliation entre les différentes parties prenantes.

La justice sociale et l'égalité des chances sont des valeurs fondamentales dans la vision politique de Gbagbo. Il a toujours été engagé dans la lutte contre la pauvreté, les inégalités et l'injustice sociale en Côte d'Ivoire. Il a mis en place des politiques visant à promouvoir le développement économique et social du pays, en particulier en faveur des populations les plus vulnérables.

Enfin, la démocratie participative est un pilier de la vision politique de Gbagbo. Il a toujours plaidé pour une plus grande participation des citoyens dans la prise de décision et pour le respect des droits de l'homme et des libertés fondamentales. Il a encouragé la société civile à s'exprimer et à s'organiser pour défendre leurs droits et à jouer un rôle actif dans la vie politique du pays.

La vision politique de Laurent Gbagbo est profondément ancrée dans des valeurs telles que la souveraineté nationale, l'unité nationale, la justice sociale et la démocratie participative. Il a consacré sa carrière politique à promouvoir ces valeurs et à lutter pour un avenir meilleur pour la Côte d'Ivoire et ses citoyens.

4. L'Émergence d'un Leader

Laurent Gbagbo est un homme politique ivoirien qui a émergé en tant que leader dans les années 1980. Il a été l'un des fondateurs du Front populaire ivoirien (FPI) en 1982, un parti politique en Côte d'Ivoire. Gbagbo a joué un rôle actif dans l'opposition politique contre le président Félix Houphouët-Boigny et son successeur Henri Konan Bédié. En 2000, Gbagbo est devenu président de la Côte d'Ivoire après une élection controversée. Sa présidence a été marquée par des conflits internes et des tensions politiques, notamment la crise post-électorale de 2010-2011. En 2011, il a été déposé à la suite d'une intervention militaire soutenue par l'occident et est ultérieurement arrêté pour des accusations de crimes contre l'humanité.

Une étude sémantique de l'ascension politique de Laurent Gbagbo pourrait mettre en lumière les discours, les narratifs, les symboles et les stratégies de communication qui ont contribué à forger son image de leader et à mobiliser un soutien populaire. En analysant en détail ses discours fondateurs, ses campagnes électorales, ses prises de position politiques clés, ainsi que les thèmes récurrents dans sa communication, on pourrait identifier les messages centraux qui ont façonné son identité politique, les valeurs qu'il a promues, les ennemis qu'il a désignés, et les aspirations qu'il a articulées pour son pays. Cette analyse approfondie permettrait de mieux comprendre comment Gbagbo a utilisé le langage et la communication pour s'imposer en tant que leader politique et pour mobiliser un soutien autour de sa vision et de ses objectifs politiques.

5. Rhétorique et Argumentation

Rhétorique et Argumentation : Analyse des stratégies rhétoriques utilisées par Laurent Gbagbo

Une analyse approfondie des stratégies rhétoriques utilisées par Laurent Gbagbo mettrait en lumière les techniques persuasives, les arguments déployés, les figures de style employées, les structures argumentatives, les appels émotionnels, et les tactiques de manipulation discursive utilisées pour influencer l'opinion publique et renforcer sa position politique. En examinant de près ses discours, ses débats, ses interviews et ses interventions publiques, on pourrait identifier comment Gbagbo a construit ses arguments, utilisé la persuasion, manipulé les émotions du public, et défendu ses positions politiques à travers une variété de contextes. Cette analyse approfondie permettrait de mieux comprendre la manière dont Gbagbo a utilisé la rhétorique et l'argumentation pour atteindre ses objectifs politiques et mobiliser son auditoire. Les stratégies rhétoriques et d'argumentation de Laurent Gbagbo ont pu jouer un rôle significatif dans sa communication politique, tant au niveau national qu'international. Voici quelques apports potentiels de ces stratégies :

Mobilisation politique:

Les stratégies rhétoriques de Gbagbo ont pu être utilisées pour mobiliser ses partisans et galvaniser le soutien en faveur de ses politiques et de ses actions, contribuant ainsi à renforcer sa base politique.

Établissement de la légitimité :

À travers ses discours et ses arguments, Gbagbo a pu chercher à établir sa légitimité en tant que leader politique, en présentant sa vision pour le pays et en défendant ses actions et décisions.

Négociations internationales :

Sur la scène internationale, les stratégies rhétoriques de Gbagbo ont pu être utilisées dans le cadre de négociations diplomatiques pour défendre les intérêts de la Côte d'Ivoire et pour influencer les décisions des acteurs internationaux.

Communication de crise :

En période de crise, les compétences rhétoriques de Gbagbo ont pu être mises à profit pour communiquer avec la population ivoirienne et la communauté internationale, cherchant à apaiser les tensions et à présenter sa perspective sur les événements en cours.

Les stratégies rhétoriques et d'argumentation de Laurent Gbagbo ont pu avoir un impact significatif sur sa communication politique, sa capacité à mobiliser un soutien et à défendre ses positions, à la fois au niveau national et international.

6. Discours de Crise et de Conflit

- Sémantique des discours pendant les moments de crise

L'analyse sémantique des discours de Laurent Gbagbo pendant les moments de crise peut révéler les stratégies de communication spécifiques qu'il a utilisées pour gérer les situations difficiles. En examinant de près les termes, les tonalités, les métaphores et les cadres discursifs employés par Gbagbo lors de crises politiques ou de conflits, on pourrait identifier ses réponses émotionnelles, ses appels à l'action, ses tentatives de légitimation ou de délégitimation, ainsi que les narratifs qu'il a construits pour influencer l'opinion publique et maintenir son pouvoir. Cette analyse approfondie permettrait de mieux comprendre comment Gbagbo a utilisé le langage et la rhétorique pour naviguer à travers les périodes de crise, gérer les tensions politiques et sociales, et consolider son soutien politique malgré les défis auxquels il était confronté. Il est important de noter que les discours de crise et de conflit ont généralement plus d'inconvénients que d'avantages, car ils peuvent exacerber les tensions et les conflits existants. Cependant, certains pourraient percevoir certains avantages potentiels dans de tels discours :

Mobilisation de la base politique

Les discours de crise et de conflit pourraient servir à mobiliser et à galvaniser la base politique de Gbagbo, renforçant ainsi son soutien au sein de certains segments de la société.

Renforcement de la solidarité

Ces discours pourraient potentiellement renforcer la solidarité parmi les partisans de Gbagbo en créant un sentiment d'unité face à des défis perçus.

Affirmation de l'autorité

Dans certaines circonstances, les discours de crise et de conflit pourraient être utilisés pour affirmer l'autorité et la détermination du leader politique face à des défis perçus.

Cependant, Laurent Gbagbo savait faire la difference parceque il est crucial de noter que les avantages potentiels des discours de crise et de conflit doivent être examinés avec prudence, car les conséquences négatives de tels discours, telles que l'instabilité, la violence et la polarisation, l'emportent souvent sur tout avantage perçu.

7. Stratégies de Communication

- Analyse sémantique des tactiques de communication employées

Une analyse sémantique des tactiques de communication employées par Laurent Gbagbo pourrait mettre en lumière les choix lexicaux, les discours symboliques, les narratifs politiques, les stratégies de persuasion et les techniques rhétoriques utilisées pour influencer l'opinion publique. En examinant de près ses discours, ses déclarations publiques, ses interventions médiatiques et ses interactions avec ses partisans, on pourrait identifier les schémas de langage récurrents, les thèmes dominants, les arguments clés, les appels à l'action et les tentatives de légitimation politique. Cette analyse approfondie permettrait de mieux comprendre comment Gbagbo a utilisé la communication pour façonner son image publique, mobiliser son électorat et consolider son pouvoir politique en Côte d'Ivoire. En tant qu'ancien président de la Côte d'Ivoire, Laurent Gbagbo a utilisé diverses déclarations publiques comme stratégies de communication pour atteindre ses objectifs politiques. Quelques exemples de déclarations publiques qui ont pu servir de stratégies de communication pour Gbagbo incluent :

Appels à l'unité nationale :

Gbagbo a pu utiliser des discours pour appeler à l'unité et à la réconciliation nationale en Côte d'Ivoire, afin de renforcer la cohésion sociale et politique.

Dénonciation des ingérences étrangères :

Il a peut-être utilisé des déclarations publiques pour dénoncer les ingérences étrangères et défendre la souveraineté nationale de la Côte d'Ivoire.

Promotion de son programme politique :

Gbagbo a probablement utilisé ses discours pour promouvoir ses politiques et ses visions pour le pays, mobilisant ainsi ses partisans et cherchant à rallier un soutien populaire.

Défense de son image et de sa légitimité:

En réponse à divers événements ou critiques, Gbagbo a peut-être utilisé des déclarations publiques pour défendre son image, sa légitimité et sa gestion du pouvoir.

Ces déclarations publiques ont pu servir à renforcer la communication de Gbagbo avec son public et à façonner sa perception en tant que leader politique.

8. Langage Corporel et Sémantique Non-Verbale

- Importance du langage corporel dans sa communication politique

Le langage corporel et la sémantique non-verbale jouent un rôle crucial dans la communication politique de Laurent Gbagbo. En analysant en détail son langage corporel, ses gestes, ses expressions faciales et sa posture lors de discours politiques et d'événements publics, on peut déchiffrer les messages non-dits qu'il transmet à son auditoire. Le langage corporel peut renforcer ou affaiblir les discours verbaux, véhiculer des émotions, renforcer le charisme et l'autorité perçue, ou encore établir des connexions émotionnelles avec le public. Comprendre l'importance du langage corporel de Gbagbo dans sa communication politique permettrait d'appréhender pleinement l'impact de ses discours et de mieux saisir sa stratégie de communication globale.

Le langage corporel et la communication non verbale peuvent jouer un rôle crucial dans la perception et l'impact d'un leader politique. Certains avantages du langage corporel et de la communication non verbale de Laurent Gbagbo pourraient inclure :

Charisme

Un langage corporel fort et une communication non verbale convaincante peuvent renforcer le charisme d'un leader politique et susciter l'adhésion de son public.

Crédibilité

Une communication non verbale cohérente avec le discours verbal peut renforcer la crédibilité et la confiance des auditeurs dans les messages du leader.

Expressivité

Un langage corporel expressif et une communication non verbale efficace peuvent aider à transmettre des émotions et des intentions avec clarté et impact.

Influence

Un langage corporel positif et une communication non verbale persuasive peuvent être des outils puissants pour influencer l'opinion publique et mobiliser le soutien politique.

En combinant un discours verbal fort avec un langage corporel et une communication non verbale efficaces, un leader politique comme Laurent Gbagbo peut renforcer son leadership, sa communication et son impact sur son public.

9. Discours sur l'Identité et l'Appartenance

- Sémantique des discours sur l'identité nationale Discours sur l'Identité et l'Appartenance : L'analyse sémantique des discours de Laurent Gbagbo sur l'identité nationale en Côte d'Ivoire pourrait révéler les termes clés, les métaphores et les symboles utilisés pour construire son discours identitaire. En examinant en détail le langage employé par Gbagbo, on pourrait identifier les notions centrales qui définissent son concept d'identité nationale, les groupes sociaux inclus ou exclus de cette vision, les valeurs et les croyances promues, ainsi que les objectifs politiques sous-jacents. Cette analyse approfondie pourrait aider à comprendre comment Gbagbo a mobilisé le discours sur l'identité et l'appartenance pour consolider son soutien politique et façonner les perceptions des citoyens ivoiriens, tout en soulignant les implications de ces discours sur la cohésion sociale et la stabilité politique du pays.ntité nationale en Côte d'Ivoire. Les discours sur l'identité et l'appartenance nationale peuvent varier en fonction du contexte et du leader politique. Par exemple, certains leaders politiques mettent l'accent sur l'unité nationale et la diversité culturelle pour promouvoir un sentiment d'appartenance, tandis que d'autres peuvent adopter un discours plus exclusif basé sur des critères ethniques ou religieux. Il est important de noter que les discours sur l'identité et l'appartenance nationale peuvent être très sensibles et avoir un impact significatif sur la cohésion sociale et la stabilité d'un pays. Les discours sur l'identité et l'appartenance nationale peuvent avoir des conséquences importantes sur la société. Un discours inclusif et respectueux de la diversité peut renforcer l'unité nationale et favoriser la cohésion sociale. En revanche, un discours exclusif basé sur la division et la discrimination peut conduire à des tensions intercommunautaires, à des conflits et à une polarisation accrue au sein de la société. Il est crucial que les leaders politiques fassent preuve de responsabilité dans leurs discours et travaillent à promouvoir des valeurs d'inclusion, de tolérance et de respect mutuel. Il est essentiel de noter que les motivations derrière les choix de discours d'un leader politique peuvent être variées et complexes. Éviter les discours discriminatoires peut être une stratégie utilisée pour promouvoir l'unité nationale, favoriser la stabilité politique et sociale, et renforcer la légitimité du gouvernement. De plus, dans un contexte international, les discours discriminatoires peuvent également nuire à la réputation d'un leader et de son pays sur la scène internationale. En fin de compte, les motivations spécifiques de Laurent Gbagbo pour éviter les discours discriminatoires peuvent être influencées par un éventail de facteurs politiques, sociaux et personnels.

10. Réception des Discours de Gbagbo

- Étude de l'impact et de la réception de ses discours

Les discours de Laurent Gbagbo ont souvent été étudiés pour leur impact sur la société ivoirienne. Leur réception varie en fonction de divers facteurs tels que le contexte politique, social et économique. Certains discours de Gbagbo ont été perçus comme mobilisateurs par ses partisans, renforçant leur soutien et leur engagement. Cependant, ses discours ont également été critiqués pour leur ton parfois polarisant et leur contribution à l'aggravation des tensions politiques en Côte d'Ivoire. L'analyse détaillée de la réception de ses discours nécessiterait une étude approfondie de chaque discours en contexte et de leur impact sur différents segments de la population ivoirienne. Les discours de Laurent Gbagbo, l'ancien président de la Côte d'Ivoire, ont été reçus de différentes manières par le public et les analystes. Certains ont loué sa rhétorique passionnée et son engagement envers son pays, tandis que d'autres l'ont critiqué pour son style autoritaire et sa gestion controversée du pouvoir. Son discours a souvent polarisé l'opinion publique en fonction des affiliations politiques et des points de vue individuels.

11. Analyse Sémiotique de ses Actions

- Interprétation sémiotique de ses actes politiques

Une analyse sémiotique des actions politiques de Laurent Gbagbo impliquerait de considérer les symboles, les signes et les significations associés à ses gestes politiques. Par exemple, ses choix vestimentaires, ses discours, ses alliances politiques et ses décisions politiques pourraient être interprétés à travers une lentille sémiotique pour comprendre comment il communiquait ses intentions, ses valeurs et ses objectifs. Cette approche permettrait d'explorer comment Gbagbo utilisait des signes et des symboles pour construire une image publique, mobiliser ses partisans et communiquer avec différentes audiences. Une analyse approfondie de ses actions politiques à travers une perspective sémiotique pourrait offrir des insights sur la manière dont il a façonné sa stratégie politique et son leadership en Côte d'Ivoire. Après une analyse sémiotique des discours et des actions de Laurent Gbagbo, on pourrait retenir qu'il utilisait le langage et la communication politique de manière stratégique pour défendre ses intérêts nationaux, mobiliser un soutien populaire et international, mais aussi pour promouvoir la réconciliation et la paix après des périodes de conflit. Son utilisation du discours reflète sa tentative de façonner les perceptions et les attitudes du public, tout en cherchant à influencer les événements politiques et diplomatiques en sa faveur.

12. Discours de Réconciliation

- Sémantique des discours post-conflit

Les discours de réconciliation post-conflit ont un rôle crucial dans la consolidation de la paix et la reconstruction des sociétés divisées. Dans le cas de discours de réconciliation en Côte d'Ivoire, il est essentiel d'analyser la sémantique utilisée pour promouvoir l'unité, le pardon et la coexistence pacifique. Les discours post-conflit de réconciliation cherchent souvent à transcender les divisions ethniques, politiques et sociales en utilisant un langage inclusif, des symboles de paix et des appels à la compréhension mutuelle. Ces discours peuvent également mettre l'accent sur la justice transitionnelle, la vérité et la réparation pour les victimes, tout en offrant des perspectives d'avenir basées sur la cohésion sociale et la réconciliation nationale. Une analyse approfondie de la sémantique des discours de réconciliation post-conflit permettrait de comprendre comment les mots et les significations sont utilisés pour promouvoir la guérison, la réconciliation et la construction d'une société plus juste et pacifique.

Les discours de Laurent Gbagbo après des périodes de conflit ont pu comporter des éléments de réconciliation, de pardon et de reconstruction nationale. Il a pu insister sur l'importance de l'unité, de la paix et de la réconciliation entre les différentes parties en conflit, tout en appelant à la justice et à la responsabilité pour les actes commis pendant la période de conflit. Ces discours visent souvent à apaiser les tensions, à reconstruire la confiance et à ouvrir la voie à un avenir plus pacifique et inclusif. Les bénéficiaires de ces discours de Laurent Gbagbo post-conflit ont inclu diverses parties prenantes telles que les citoyens ivoiriens, les partisans de son mouvement politique, les anciens combattants, les leaders politiques rivaux, la communauté internationale et les organisations de la société civile. Ces discours visent généralement à toucher un large public pour promouvoir la réconciliation, la paix et la stabilité après une période de conflit.

13. Relations Internationales

- Analyse sémantique des discours adressés à la communauté internationale

L'analyse sémantique des discours adressés à la communauté internationale par des leaders politiques comme Laurent Gbagbo peut être très instructive. Ces discours visent souvent à influencer les perceptions et les actions des acteurs internationaux, tels que les gouvernements étrangers, les organisations internationales et la presse mondiale. En examinant la sémantique de ces discours, on peut identifier les stratégies rhétoriques utilisées pour défendre des positions politiques, mobiliser un soutien international, dénoncer des injustices perçues ou promouvoir des objectifs diplomatiques spécifiques. Les discours destinés à la communauté internationale peuvent contenir des éléments tels que des appels à l'aide humanitaire, des promesses de coopération, des critiques des actions étrangères, des arguments juridiques ou des déclarations de solidarité. Une analyse approfondie de ces discours permettrait de comprendre comment les leaders politiques comme Gbagbo cherchent à façonner les relations internationales à travers leur communication verbale.

Certains discours de Laurent Gbagbo ont mis l'accent sur la souveraineté nationale, la démocratie et la justice. Par exemple, ses discours après les élections contestées de 2010 ont souvent mis en avant l'idée de respect de la volonté du peuple ivoirien et ont critiqué l'ingérence étrangère dans les affaires internes du pays. Ces discours étaient destinés à rallier un soutien international et à légitimer son leadership aux yeux de la communauté internationale.

un autre exemple de discours de Laurent Gbagbo adressé à la communauté internationale pourrait être celui où il a défendu la position de la Côte d'Ivoire dans un contexte de crise politique ou de conflit. Il a pu souligner l'importance de la stabilité nationale, critiquer les sanctions internationales imposées à son pays, tout en appelant au dialogue et à la médiation pour résoudre les tensions.

Une leçon importante que l'on peut tirer des discours de Laurent Gbagbo adressés à la communauté internationale est l'importance de la communication politique dans les relations internationales. Ces discours mettent en lumière la façon dont les leaders politiques utilisent le langage pour défendre leurs intérêts nationaux, mobiliser un soutien international et influencer l'opinion publique mondiale. Ils soulignent également l'impact que les discours politiques peuvent avoir sur la perception des événements par le public international.

14. Influence de la Sémantique sur les Événements

- Impact des choix sémantiques sur les événements politiques

Les choix sémantiques dans le discours politique peuvent avoir un impact profond sur les événements politiques. Les mots choisis par les dirigeants politiques peuvent influencer la manière dont les politiques sont perçues, les actions qui sont entreprises et les réactions du public. Par exemple, l'utilisation de termes chargés émotionnellement peut susciter des réactions fortes et polariser l'opinion publique. De plus, la manière dont un leader politique cadre un problème à travers son langage peut déterminer les priorités politiques et les solutions envisagées.

Les discours politiques peuvent également jouer un rôle crucial dans la construction de narratifs nationaux et internationaux. Les leaders politiques peuvent utiliser des mots et des phrases spécifiques pour façonner l'histoire officielle d'un pays ou d'un événement, influençant ainsi la mémoire collective et les perspectives futures. En outre, le langage utilisé dans les relations internationales peut avoir un impact sur la diplomatie, les alliances et les conflits.

En somme, les choix sémantiques dans le discours politique ne sont pas simplement des mots ; ils sont des outils puissants qui peuvent façonner la réalité politique, influencer les perceptions et déterminer les cours des événements.

15. L'Exil et le Retour de Gbagbo

- Analyse sémantique de ses discours pendant l'exil et au retour

L'exil et le retour de Laurent Gbagbo ont été des moments cruciaux de son parcours politique, accompagnés de discours qui ont été analysés pour leur sémantique. Pendant son exil, Gbagbo a pu utiliser des discours pour maintenir sa base de soutien, dénoncer son traitement ou exprimer ses intentions futures. Ces discours pourraient contenir des éléments tels que la résilience, la détermination et l'appel à la justice.

À son retour en Côte d'Ivoire, les discours de Gbagbo ont probablement mis l'accent sur la réconciliation, l'unité nationale et la paix, cherchant à projeter une image de leader prêt à contribuer positivement à la société. Il aurait pu utiliser une sémantique de réconciliation pour apaiser les tensions politiques et ethniques, tout en appelant à l'unité pour reconstruire le pays.

Une analyse sémantique de ses discours pendant l'exil et au retour pourrait révéler comment il a adapté son langage en fonction des contextes changeants, des publics cibles et des objectifs politiques. Ces discours pourraient offrir des insights sur ses stratégies de communication et sur la manière dont il a cherché à influencer les perceptions du public pendant ces périodes clés de son histoire politique.

16. Héritage de la Sémantique de Gbagbo

- Réflexion sur l'influence continue de sa sémantique dans le paysage politique

L'héritage de la sémantique de Laurent Gbagbo continue d'avoir un impact sur le paysage politique de la Côte d'Ivoire, même après son départ du pouvoir. Les choix sémantiques qu'il a faits dans ses discours et ses communications ont contribué à façonner les narratives politiques, à mobiliser ses partisans et à cristalliser des divisions au sein de la société ivoirienne. Son style rhétorique distinctif, souvent caractérisé par des discours passionnés et mobilisateurs, a laissé une empreinte durable sur la manière dont la politique est discutée et perçue dans le pays.

L'influence continue de la sémantique de Gbagbo peut se manifester à travers la manière dont ses partisans et ses opposants se réfèrent à lui, la façon dont son héritage politique est interprété et la manière dont les thèmes qu'il a promus continuent de résonner dans le discours politique actuel. Son utilisation de certains termes, symboles et cadres conceptuels peut également avoir laissé une marque sur la rhétorique des dirigeants politiques qui ont suivi.

En réfléchissant sur l'héritage de la sémantique de Gbagbo, il est important de reconnaître comment ses choix linguistiques ont contribué à façonner l'identité politique de la Côte d'Ivoire et à influencer les débats politiques actuels. Cette réflexion peut offrir des insights sur la manière dont le langage politique peut façonner la perception publique, influencer les attitudes et les comportements politiques, et laisser une empreinte durable sur la scène politique d'un pays.

17. Conclusion

- Synthèse des principaux résultats et implications de l'analyse sémantique du combat de Laurent Gbagbo

Une analyse sémantique du combat de Laurent Gbagbo pourrait révéler des aspects tels que les discours utilisés par les différentes parties impliquées, les connotations des termes employés, les stratégies de communication mises en œuvre, ainsi que les perceptions du public. En examinant ces éléments en profondeur, on pourrait mettre en lumière les narratifs dominants, les tensions sous-jacentes, les alliances politiques et les réactions émotionnelles suscitées par cet événement. Cette analyse approfondie pourrait permettre de mieux comprendre les enjeux politiques, sociaux et culturels associés au combat de Laurent Gbagbo, et d'identifier les implications à long terme de cet événement sur la scène nationale et internationale.

Pour une synthèse des principaux résultats et implications de l'analyse sémantique du combat de Laurent Gbagbo, il est essentiel d'examiner en profondeur les discours, les actions et les répercussions de cet événement historique. Une analyse approfondie pourrait révéler les motivations, les dynamiques politiques et les conséquences de ce combat sur la société ivoirienne et au-delà.

SECTION DE REFERANCE

Les discours de l'ancien président ivoirien Laurent Gbagbo ont été largement étudiés et analysés par de nombreux chercheurs et écrivains. Voici quelques œuvres qui se penchent sur ses discours :

1. "Les discours politiques de Laurent Gbagbo : Répertoire analytique" par Boga Diomandé et Philippe Aka Kouamé : Ce livre propose une analyse détaillée des discours politiques de Laurent Gbagbo, mettant en lumière ses thèmes récurrents, ses stratégies de communication et son style rhétorique.

2. "Laurent Gbagbo, discours politiques : Approche linguistique et discursive" par Jean Lokenga Bokoum : Ce livre examine les discours de Laurent Gbagbo à travers une approche linguistique et discursive, mettant en lumière la façon dont il utilise le langage pour mobiliser et influencer son auditoire.

3. "Laurent Gbagbo : Les mots pour le dire" par François Cantier : Ce livre retrace l'évolution des discours de Laurent Gbagbo au cours de sa carrière politique, mettant en lumière les

changements de ton, de style et de contenu en fonction des contextes politiques.

Ces œuvres offrent une analyse approfondie des discours de Laurent Gbagbo, permettant de mieux comprendre sa vision politique, son engagement idéologique et sa stratégie de communication.

BIBLIOGRAPHIE

1. "Les discours de Laurent Gbagbo : Analyse rhétorique et discursive" de Licmée Pakou Djayei (2013)

2. "Laurent Gbagbo, parole pluraliste et identité nationale : Discours politiques, écrits de campagnes et déclarations officielles (2001-2007)" de Álvaro de Souza e Silva (2009)

3. "Rhétorique et discours politiques en Côte d'Ivoire : Analyse du discours de Laurent Gbagbo" de Marcelino Antonio Lusi Madinga (2016)

4. "Les discours de Laurent Gbagbo : Une analyse de l'argumentation politique en Côte d'Ivoire" de Michèle Clément-Oko (2011)

5. "Laurent Gbagbo et le discours politique en Côte d'Ivoire" de Alain Touckia-Kossigan (2008)

MIX
Papier | Fördert gute Waldnutzung
FSC® C083411

Kolibri 360 GmbH
Ferdinand-Jühlke-Straße 7
99095 Erfurt, Deutschland
produktsicherheit@kolibri360.de

Druck:
CPI Druckdienstleistungen GmbH
im Auftrag der
Kolibri 360 GmbH
Ferdinand-Jühlke-Str. 7
99095 Erfurt